海上絲綢之路基本文獻叢書

茶經

〔唐〕陸羽 著

文物出版社

圖書在版編目（CIP）數據

茶經 /（唐）陸羽著. -- 北京 : 文物出版社，2023.3
（海上絲綢之路基本文獻叢書）
ISBN 978-7-5010-7925-4

Ⅰ. ①茶… Ⅱ. ①陸… Ⅲ. ①茶文化－中國－古代 Ⅳ. ① TS971.21

中國國家版本館 CIP 數據核字（2023）第 026234 號

海上絲綢之路基本文獻叢書
茶經

著　　者：〔唐〕陸羽
策　　劃：盛世博閱（北京）文化有限責任公司

封面設計：鞏榮彪
責任編輯：劉永海
責任印製：王　芳

出版發行：文物出版社
社　　址：北京市東城區東直門内北小街 2 號樓
郵　　編：100007
網　　址：http://www.wenwu.com
經　　銷：新華書店
印　　刷：河北賽文印刷有限公司
開　　本：787mm×1092mm　1/16
印　　張：11.5
版　　次：2023 年 3 月第 1 版
印　　次：2023 年 3 月第 1 次印刷
書　　號：ISBN 978-7-5010-7925-4
定　　價：90.00 圓

總緒

海上絲綢之路，一般意義上是指從秦漢至鴉片戰爭前中國與世界進行政治、經濟、文化交流的海上通道，主要分爲經由黄海、東海的海路最終抵達日本列島及朝鮮半島的東海航綫和以徐聞、合浦、廣州、泉州爲起點通往東南亞及印度洋地區的南海航綫。

在中國古代文獻中，最早、最詳細記載『海上絲綢之路』航綫的是東漢班固的《漢書·地理志》，詳細記載了西漢黄門譯長率領應募者入海『齎黄金雜繒而往』之事，書中所出現的地理記載與東南亞地區相關，并與實際的地理狀况基本相符。

東漢後，中國進入魏晋南北朝長達三百多年的分裂割據時期，絲路上的交往也走向低谷。這一時期的絲路交往，以法顯的西行最爲著名。法顯作爲從陸路西行到印度，再由海路回國的第一人，根據親身經歷所寫的《佛國記》（又稱《法顯傳》）一書，詳細介紹了古代中亞和印度、巴基斯坦、斯里蘭卡等地的歷史及風土人情，是瞭解和研究海陸絲綢之路的珍貴歷史資料。

隨着隋唐的統一，中國經濟重心的南移，中國與西方交通以海路爲主，海上絲綢之路進入大發展時期。廣州成爲唐朝最大的海外貿易中心，朝廷設立市舶司，專門管理海外貿易。唐代著名的地理學家賈耽（七三〇～八〇五年）的《皇華四達記》記載了從廣州通往阿拉伯地區的海上交通『廣州通海夷道』，詳述了從廣州港出發，經越南、馬來半島、蘇門答臘島至印度、錫蘭，直至波斯灣沿岸各國的航綫及沿途地區的方位、名稱、島礁、山川、民俗等。譯經大師義净西行求法，將沿途見聞寫成著作《大唐西域求法高僧傳》，詳細記載了海上絲綢之路的發展變化，是我們瞭解絲綢之路不可多得的第一手資料。

宋代的造船技術和航海技術顯著提高，指南針廣泛應用於航海，中國商船的遠航能力大大提升。北宋徐兢的《宣和奉使高麗圖經》詳細記述了船舶製造、海洋地理和往來航綫，是研究宋代海外交通史、中朝友好關係史、中朝經濟文化交流史的重要文獻。南宋趙汝适《諸蕃志》記載，南海有五十三個國家和地區與南宋通商貿易，形成了通往日本、高麗、東南亞、印度、波斯、阿拉伯等地的『海上絲綢之路』。宋代爲了加强商貿往來，於北宋神宗元豐三年（一〇八〇年）頒布了中國歷史上第一部海洋貿易管理條例《廣州市舶條法》，并稱爲宋代貿易管理的制度範本。

元朝在經濟上採用重商主義政策，鼓勵海外貿易，中國與世界的聯繫與交往非常頻繁，其中馬可·波羅、伊本·白圖泰等旅行家來到中國，留下了大量的旅行記，記録元代海上絲綢之路的盛况。元代的汪大淵兩次出海，撰寫出《島夷志略》一書，記録了二百多個國名和地名，其中不少首次見於中國著録，涉及的地理範圍東至菲律賓群島，西至非洲。這些都反映了元朝時中西經濟文化交流的豐富内容。

明、清政府先後多次實施海禁政策，海上絲綢之路的貿易逐漸衰落。但是從明永樂三年至明宣德八年的二十八年裏，鄭和率船隊七下西洋，先後到達的國家多達三十多個，在進行經貿交流的同時，也極大地促進了中外文化的交流，這些都詳見於《西洋蕃國志》《星槎勝覽》《瀛涯勝覽》等典籍中。

關於海上絲綢之路的文獻記述，除上述官員、學者、求法或傳教高僧以及旅行者的著作外，自《漢書》之後，歷代正史大都列有《地理志》《四夷傳》《西域傳》《外國傳》《蠻夷傳》《屬國傳》等篇章，加上唐宋以來衆多的典制類文獻、地方史志文獻，集中反映了歷代王朝對於周邊部族、政權以及西方世界的認識，都是關於海上絲綢之路的原始史料性文獻。

海上絲綢之路概念的形成，經歷了一個演變的過程。十九世紀七十年代德國地理學家費迪南·馮·李希霍芬（Ferdinad Von Richthofen，一八三三～一九〇五），在其《中國：親身旅行和研究成果》第三卷中首次把輸出中國絲綢的東西陸路稱爲『絲綢之路』。有『歐洲漢學泰斗』之稱的法國漢學家沙畹（Édouard Chavannes，一八六五～一九一八），在其一九〇三年著作的《西突厥史料》中提出『絲路有海陸兩道』，蘊涵了海上絲綢之路最初提法。迄今發現最早正式提出『海上絲綢之路』一詞的是日本考古學家三杉隆敏，他在一九六七年出版《中國瓷器之旅：探索海上的絲綢之路》中首次使用『海上絲綢之路』一詞；一九七九年三杉隆敏又出版了《海上絲綢之路》一書，其立意和出發點局限在東西方之間的陶瓷貿易與交流史。

二十世紀八十年代以來，在海外交通史研究中，『海上絲綢之路』一詞逐漸成爲中外學術界廣泛接受的概念。根據姚楠等人研究，饒宗頤先生是中國學者中最早提出『海上絲綢之路』的人，他的《海道之絲路與昆侖舶》正式提出『海上絲路』的稱謂。選堂先生評價海上絲綢之路是外交、貿易和文化交流作用的通道。此後，學者馮蔚然在一九七八年編寫的《航運史話》中，也使用了『海上絲綢之路』一詞，此書更多地限於航海活動領域的考察。一九八〇年北京大學陳炎教授提出『海上絲綢之路』研究，并於一九八一年發表《略論海上絲綢之路》一文。他對海上絲綢之路的理解超越以往，且帶有濃厚的愛國主義思想。陳炎教授之後，從事研究海上絲綢之路的學者越來越多，尤其沿海港口城市向聯合國申請海上絲綢之路非物質文化遺産活動，將海上絲綢之路研究推向新高潮。另外，國家把建設『絲綢之路經濟帶』和『二十一世紀海上絲綢之路』作爲對外發展方針，將這一學術課題提升爲國家願景的高度，使海上絲綢之路形成超越學術進入政經層面的熱潮。

與海上絲綢之路學的萬千氣象相對應，海上絲綢之路文獻的整理工作仍顯滯後，遠遠跟不上突飛猛進的研究進展。二〇一八年厦門大學、中山大學等單位聯合發起『海上絲綢之路文獻集成』專案，尚在醖釀當中。我們不揣淺陋，深入調查，廣泛搜集，將有關海上絲綢之路的原始史料文獻和研究文獻，分爲風俗物産、雜史筆記、海防海事、典章檔案等六個類别，彙編成《海上絲綢之路歷史文化叢書》，於二〇二〇年影印出版。此輯面市以來，深受各大圖書館及相關研究者好評。爲讓更多的讀者親近古籍文獻，我們遴選出前編中的菁華，彙編成《海上絲綢之路基本文獻叢書》，以單行本影印出版，以饗讀者，以期爲讀者展現出一幅幅中外經濟文化交流的精美畫卷，爲海上絲綢之路的研究提供歷史借鑒，爲『二十一世紀海上絲綢之路』倡議構想的實踐做好歷史的詮釋和注脚，從而達到『以史爲鑒』『古爲今用』的目的。

凡例

一、本編注重史料的珍稀性，從《海上絲綢之路歷史文化叢書》中遴選出菁華，擬出版數百册單行本。

二、本編所選之文獻，其編纂的年代下限至一九四九年。

三、本編排序無嚴格定式，所選之文獻篇幅以二百餘頁爲宜，以便讀者閱讀使用。

四、本編所選文獻，每種前皆注明版本、著者。

五、本編文獻皆爲影印，原始文本掃描之後經過修復處理，仍存原式，少數文獻由於原始底本欠佳，略有模糊之處，不影響閱讀使用。

六、本編原始底本非一時一地之出版物，原書裝幀、開本多有不同，本書彙編之後，統一爲十六開右翻本。

目録

茶經

茶經

三卷

〔唐〕陸羽 著

天保十五年日本刻本

茶經

上

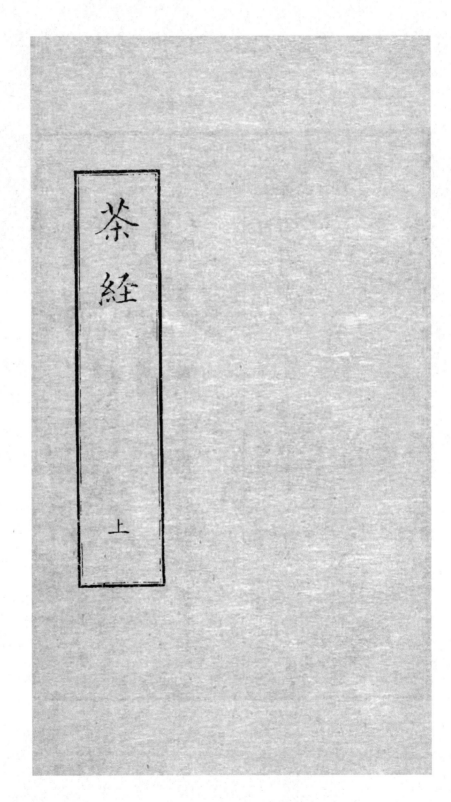

茶經

茶具圖贊　茶經傳　茶經外集

水辨　茶譜　茶譜外集

茶經序

利用厚生之術、聖人之設教始也濫耳、而茶者、雖不見禹貢、而詩或云苦、或云如飴、則知飲之也、既尚矣、自唐陸鴻漸著茶經、而其槩精、世用弘矣、

聖書有月團龍鳳之文也甚矣
蓋以金縷其上云至貴重而可
知也、然哉
邦人茶之爲用亦尚矣、室町氏、
豐臣氏以降、于今爲盛矣、於
是、立職以任民、商賈以殖家、

遂自祭祀之供、賓客之羞、以至閭巷細民之飲、壹是皆以茶為先焉、視之唐、則其製愈精、其用益弘矣、可謂茶之事盡矣、詩曰、緜緜瓜瓞、民之初生、是之謂乎、近者書賈某詢刻

茶經於東林九峯和尚、々々使余
考訂之、且序焉、余家世蒙
國家之命、以製茶爲業、故
余長於茶圃中、頗閑其
事矣、一之源、二之具等諸品、
錯或小異乎、猶尚有小補於

家事、則余也藉々不爲贅褻
吾家亦宜贅一言而已、於是乎序、
寶曆戊寅夏四月
先道齋震治起書平安客舍

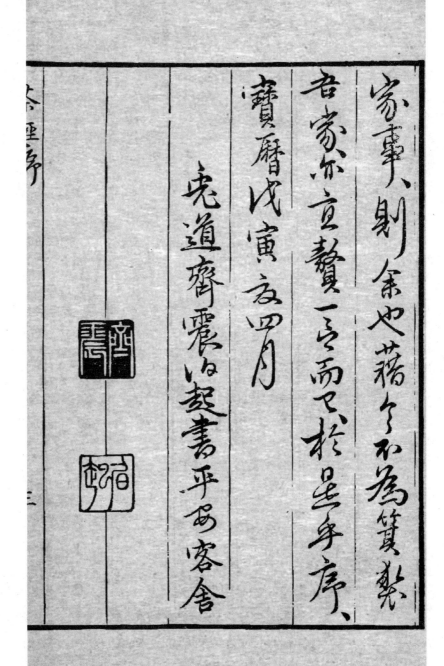

茶經序

唐皮日休撰

按周禮酒正之職辨四飲之物其三曰漿又漿人之職供王之六飲水漿醴涼醫酏入

于酒府鄭司農云以水和酒
也盖當時人率以酒醴為飲
謂六漿酒之醨者也何得
姬公製爾雅云檟苦茶即不
擷而飲之豈聖人之純於用

乎抑草木之濟人取捨有時也自周以降及于國朝茶事竟陵子陸季疵言之詳矣然季疵以前稱茗飲者必渾以烹之與夫瀹蔬而啜者無異

也季疵始爲經三卷由是分其源制其具教其造設其器命其煮飲之者除痟而去癘雖疾醫之不若也其爲利也於人豈小哉余始得季疵書

以爲備矣後又獲其顧渚山
記二篇其中多茶事後又太
原溫從雲武威段碣之各補
茶事十數節並存於方冊茶
之事由周至今竟無纖遺矣

昔晉杜育有荈賦季疵有茶謌余缺然于懷者謂有其具而不形于詩亦季疵之餘恨也

茶經序

陸羽茶経家傳一卷畢氏王氏書三卷張氏書四卷内外書十有一卷其文繁簡不同王畢氏書繁雜意其舊文張氏書簡明與家書合而多脱誤家書近古可考正曰七之事其下文乃合三書以成之録爲二篇藏於家

夫茶之著書自羽始其用於世亦自
羽始羽誠有功於茶者也上自宮省
下逮邑里外及戎夷蠻狄賓祀燕享
預陳于前山澤以成市商賈以起家
又有功于人者也可謂智矣經曰茶
之否臧存之口訣則書之所載猶其
粗也夫茶之為藝下矣至其精微書

有不盡況天下之至理而欲求之文字紙墨之間其有得乎昔者先王因人而教同欲而治凡有益於人者皆不廢也世人之説曰先王詩書道德而已此乃世外執方之論枯槁自守之行不可羣天下而居也史稱羽持具飲李季卿季卿不為賓主又著論

以毀之夫藝者君子有之德成而後
及所以同于民也不務本而趨末故
藝成而下也學者謹之

宋陳師道撰

茶經卷上

唐　竟陵陸羽鴻漸著
明　晋安鄭煾允榮校

一之源

茶者南方之嘉木也一尺二尺迺至數十尺其巴山峽川有兩人合抱者伐而掇之其樹如瓜蘆葉如梔子花如白薔薇實如栟櫚蔕如丁香根如胡桃（瓜蘆木出廣州似茶至苦澀栟櫚蒲葵之屬其子似茶胡桃與茶根皆下孕兆至瓦礫苗木上抽）其字或從草或從木或草木并（從草當作茶其字出開元文字音義從木當作𣘻其字出

本草草木并作茶其字出爾雅其名一曰茶二曰檟三曰蔎四曰茗五曰荈周公云檟苦茶楊執戟云蜀西南人謂茶曰蔎郭弘農云早取爲茶晩取爲茗或一曰荈耳其地上者生爛石中者生櫟壤櫟字當從石爲礫下者生黄土凡藝而不實植而罕茂法如種瓜三歳可採野者上園者次陽崖陰林紫者上緑者次筍者上牙者次葉卷上葉舒次陰山坡谷者不堪採掇性凝滯結瘕疾茶之爲用味至寒爲飲最宜精行儉德之人若熱渇凝悶腦疼目澁四肢煩百節不舒聊四五啜與醍醐甘露抗衡也採不時造不精雜以卉莽飲之成

疾茶爲累也亦猶人參上者生上黨中者生百濟新羅下者生高麗有生澤州易州幽州檀州者爲藥無效況非此者設服薺苨使六疾不瘳知人參爲累則茶累盡矣

二之具

籯加追反 一曰籃一曰籠一曰筥以竹織之受五升或一斗二斗三斗者茶人負以採茶也 籯漢書音盈所謂黃金滿籯不如一經顏師古云籯竹器也容四升耳

竈無用突者釜用脣口者

甑或木或瓦匪腰而泥籃以箄之篾以系之始其蒸也入乎箄既其熟也出乎箄釜涸注於甑中（甑不帶而泥之）又以穀木枝三亞者制之（亞字當作椏木之椏枝也）散所蒸芽笋并葉畏流其膏

杵臼一曰碓惟恒用者佳

規一曰模一曰棬以鐵制之或圓或方或花

承一曰臺一曰砧以石為之不然以槐桑木半埋地中遣無所搖動

檐一曰衣以油絹或雨衫單服敗者為之以檐置承

上又以規置檐上以造茶也茶成舉而易之

芘莉（音杷）一曰羸子一曰篣筤（篣音崩筤音郎 篣筤籃籠也）以二小竹長三尺軀二尺五寸柄五寸以篾織方眼如圃人土羅闊二尺以列茶也

棨一曰錐刀柄以堅木爲之用穿茶也

撲一曰鞭以竹爲之穿茶以解茶也

焙鑿地深二尺闊二尺五寸長一丈上作短墻高二尺泥之

貫削竹爲之長二尺五寸以貫茶焙之

斤作片

棚一曰棧以木構於焙上編木兩層高一尺以焙茶
也茶之半乾昇下棚全乾昇上棚
穿音釧江東淮南剖竹爲之巴川峽山紉穀皮爲之江
東以一斤爲上穿半斤爲中穿四兩五兩爲下穿峽
中以一百二十斤爲上穿八十斤爲中穿五十斤爲
小穿字舊作釵釧之釧字或作貫串今則不然如磨
扇彈鑽縫五字文以平聲書之義以去聲呼之其字
以穿名之
育以木制之以竹編之以紙糊之中有隔上有覆下

有床傍有門掩一扇中置一器貯煻煨火令熅熅然
江南梅雨時焚之以火（育者以其藏養為名）

三之造

凡採茶在二月三月四月之間茶之笋者生爛石沃土長四五寸若薇蕨始抽凌露採焉茶之芽者發於藂薄之上有三枝四枝五枝者選其中枝穎拔者採焉其日有雨不採晴有雲不採晴採之蒸之擣之拍之焙之穿之封之茶之乾矣茶有千萬狀鹵莽而言如胡人鞾者蹙縮然（京錐文也）犎牛臆者廉襜然（犎音朋野牛也）

萃作[illegible]

浮雲出山者輪菌然輕飈拂水者涵澹然有如陶家之子羅膏土以水澄泚之（謂澄泥也）又如新治地者遇暴雨流潦之所經此皆茶之精腴有如竹籜者枝榦堅實艱於蒸搗故其形籭簁然（上离下師）有如霜荷者莖葉凋沮易其狀貌故厥狀委萃然此皆茶之瘠老者也自採至于封七經目自胡鞾至于霜荷八等或以光黑平正言嘉者斯鑒之下也以皺黃坳垤言佳者鑒之次也若皆言嘉及皆言不嘉者鑒之上也何者出膏者光含膏者皺宿製者則黑日成者則黃蒸壓則

平正縱之則坳垤此茶與草木葉一也茶之否臧存
於口訣

茶經卷中

唐 竟陵陸羽鴻漸著
明 晉安鄭煾允榮校

四之器

風爐 灰承

風爐以銅鐵鑄之如古鼎形厚三分緣闊九分令六分虛中致其杇墁凡三足古文書二十一字一足云坎上巽下離于中一足云體均五行去百疾一足云聖唐滅胡明年鑄其三足之間設三窻底

一窗以爲通飈漏燼之所上並古文書六字一窗
之上書伊公二字一窗之上書羹陸二字一窗之
上書氏茶二字所謂伊公羹陸氏茶也置墆埭於
其內設三格其一格有翟焉翟者火禽也畫一卦
曰離其一格有彪焉彪者風獸也畫一卦曰巽其
一格有魚焉魚者水蟲也畫一卦曰坎巽主風離
主火坎主水風能興火火能熟水故備其三卦焉
其飾以連葩垂蔓曲水方文之類其爐或鍛鐵爲
之或運泥爲之其灰承作三足鐵柈擡之

筥

筥以竹織之高一尺二寸徑闊七寸或用藤作木楦古箱字如筥形織之六出圓眼其底蓋若利篋口鑠之

炭檛

炭檛以鐵六稜制之長一尺銳一豐中執細頭系一小鍰以飾檛也若今之河隴軍人木吾也或作鎚或作斧隨其便也

火筴

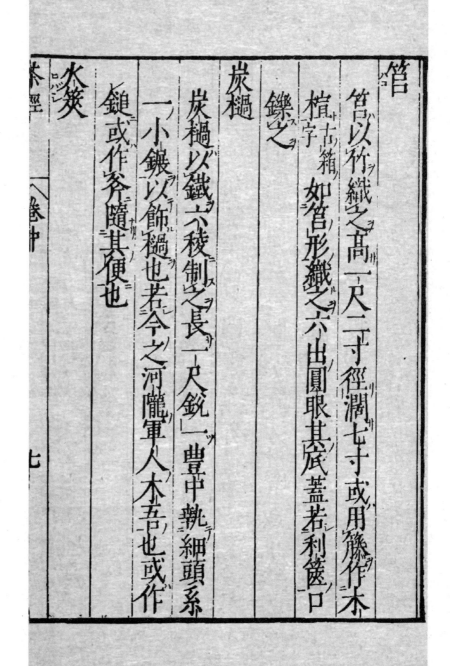

火筴一名筯若常用者圓直一尺三寸頂平截無葱臺勾鏁之屬以鐵或熟銅製之

鍑 音輔或作釜或作鬴

鍑以生鐵爲之今人有業冶者所謂急鐵其鐵以耕刀之趄鍊而鑄之內摸土而外摸沙土滑於內易其摩滌沙澁於外吸其炎熖方其耳以正令也廣其緣以務遠也長其臍以守中也臍長則沸中沸中則末易揚末易揚則其味淳也洪州以瓷爲之萊州以石爲之瓷與石皆雅器也性非堅實難

銀作鐵

可持久用銀爲之至潔但涉於侈麗雅則雅矣潔亦潔矣若用之恒而卒歸於銀也

交床

交床以十字交之剜中令虛以支鍑也

夾

夾以小青竹爲之長一尺二寸令一寸有節節已上剖之以炙茶也彼竹之篠津潤于火假其香潔以益茶味恐非林谷間莫之致或用精鐵熟銅之類取其久也

紙囊

紙囊以剡藤紙白厚者夾縫之以貯所炙茶使不泄其香也

碾 拂末

碾以橘木為之次以梨桑桐柘為之內圓而外方內圓備於運行也外方制其傾危也內容墮而外無餘木墮形如車輪不輻而軸焉長九寸闊一寸七分墮徑三寸分中厚一寸邊厚半寸軸中方而執圓其拂末以鳥羽製之

羅合

羅末以合蓋貯之以則置合中用巨竹剖而屈之以紗絹衣之其合以竹節爲之或屈杉以漆之高三寸蓋一寸底二寸口徑四寸

則

則以海貝蠣蛤之屬或以銅鐵竹匕策之類則者量也准也度也凡煑水一升用末方寸匕若好薄者減嗜濃者增故云則也

水方

水方以稠（音胄木名也）木槐楸梓等合之其裏并外縫漆之受一斗

漉水囊

漉水囊若常用者其格以生銅鑄之以備水濕無有苔穢腥澀意以熟銅苔穢鐵腥澀也林栖谷隱者或用之竹木木與竹非持久涉遠之具故用之生銅其囊織青竹以捲之裁碧縑以縫之細翠鈿以綴之又作緑油囊以貯之圓徑五寸柄一寸五分

瓢

瓢一曰犧杓剖瓠爲之或刊木爲之晉舍人杜毓荈賦云酌之以匏匏瓢也口闊脛薄柄短永嘉中餘姚人虞洪入瀑布山採茗遇一道士云吾丹丘子祈子他日甌犧之餘乞相遺也犧木杓也今常用以梨木爲之

竹夾

竹夾或以桃柳蒲葵木爲之或以柿心木爲之長一尺銀裹兩頭

鹺簋 揭

鹺簋以瓷爲之圓徑四寸若合形（合卽今盒字）或瓶或罍貯鹽花也其揭竹制長四寸一分闊九分揭策也

熟盂

熟盂以貯熟水或瓷或沙受二升

盌

盌越州上鼎州次婺州次岳州次壽州洪州次或者以邢州處越州上殊爲不然若邢瓷類銀越瓷

類玉邢不如越一也若邢甆類雪則越甆類冰邢不如越二也邢甆白而茶色丹越甆青而茶色綠邢不如越三也晉杜毓荈賦所謂器擇陶揀出自東甌甌越也甌越州上口脣不卷底卷而淺受半斤已下越州甆岳甆皆青青則益茶茶作白紅之色邢州甆白茶色紅壽州甆黃茶色紫洪州甆褐茶色黑悉不宜茶

畚

畚以白蒲捲而編之可貯盌十枚或用筥其紙帊

以剡紙夾縫令方亦十之也

札

札緝栟櫚皮以茱萸木夾而縛之或截竹束而管之若巨筆形

滌方

滌方以貯滌洗之餘用楸木合之制如水方受八升

滓方

滓方以集諸滓制如滌方處五升

巾

巾以絁布爲之長二尺作二枚互用之以潔諸器

具列

具列或作床或作架或純木純竹而製之或木或竹黄黑可扃而漆者長三尺闊二尺高六寸具列者悉斂諸器物悉以陳列也

都籃

都籃以悉設諸器而名之以竹篾内作三角方眼外以雙篾闊者經之以單篾纖者縛之遞壓雙經

作方眼使玲瓏高一尺五寸底闊一尺高二寸長
二尺四寸闊二尺

附刻茶具圖贊

茶具十二先生姓名字號

韋鴻臚　文鼎　景暘　四窗閒叟

木待制　利濟　忘機　隔竹居人

金法曹　研古　元鍇　雍之舊民
　　　　轢古　仲鑒　和琴先生

石轉運　鑿齒　遄行　香屋隱君

胡員外　惟一　宗許　貯月僊翁

羅樞密　若藥　傳師　思隱寮長

宗從事　子弗　不遺　掃雲溪友

漆雕秘閣　承之　易持　古臺老人

陶寶文　去越　自厚　兎園上客

湯提點　發新　一鳴　温谷遺老

竺副帥　善調　希默　雪濤公子

司職方　成式　如素　潔齋居士

咸淳己巳五月夏至後五日審安老人

書

韋鴻臚

賛曰祝融司夏萬物焦爍
火炎昆岡玉石俱焚爾無
與焉乃若不使山谷之英
墮於塗炭子與有力矣上
卿之號頗著徵稱

茶具

木待制

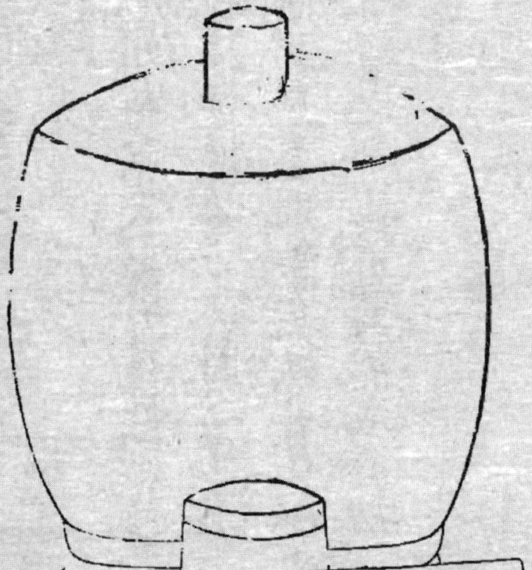

十五

上應列宿萬民以濟其性剛直
摧折強梗使隨方逐圓之徒不
能保其身善則善矣然非佑以
洽曹資之樞密亦莫能成厥功

金灋曹

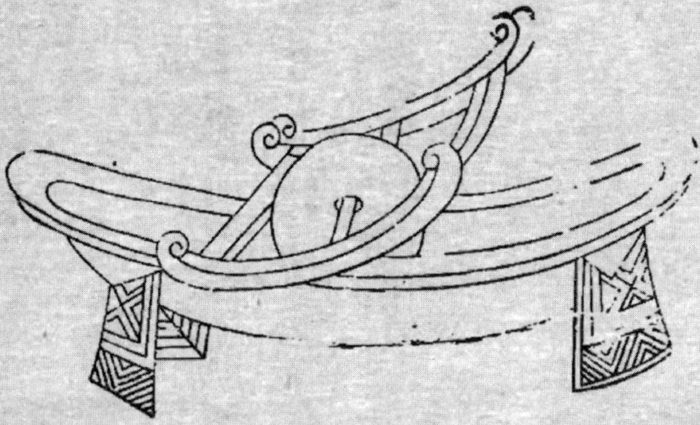

柔亦不茹剛亦不吐圓
機運用一皆有法使強
梗者不淂殊執亂轍豈
不韙與

石轉運

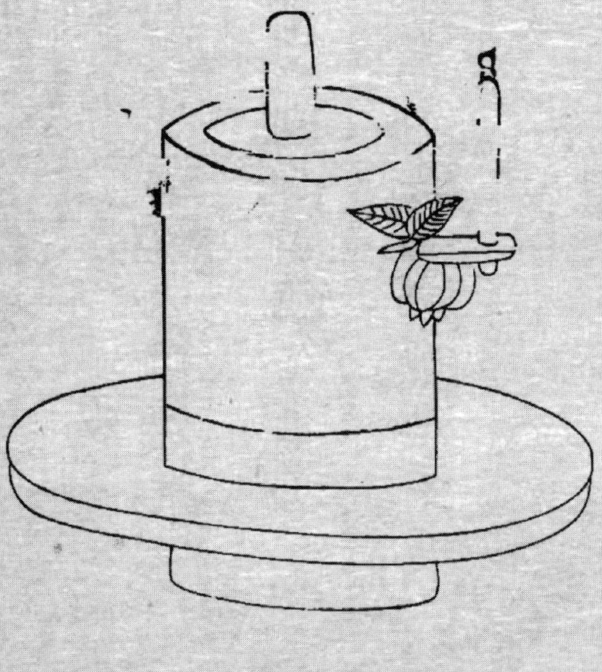

抱堅質懷直心嚌嚅英華周行不
怠斡摘山之利操漕權之重循環自
常不捨正而適他雖沒齒無怨言

胡員外

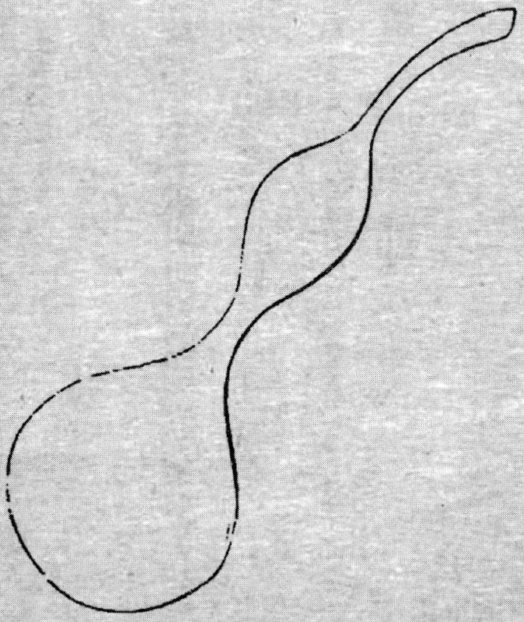

周旋中規而不踰其閒動靜有
常而性苦其卓鬱結之患悉能
破之雖中無所有而外能研究
其精微不足以望圓機之士

羅樞密

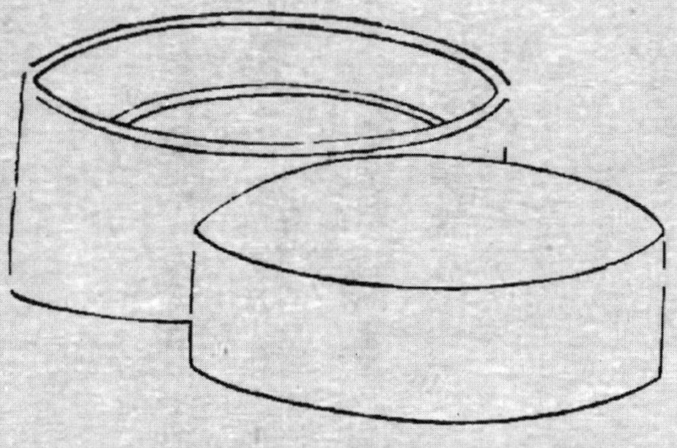

幾事不密則害成今高者
抑之下者揚之使精粗不
致捨混殺人其難諸奈何
矜細行而事誼譁惜之

宗從事

孔門高弟當洒掃應對事之末者亦所不棄又况能萃其既散拾其已遺運寸毫而使邊塵不飛功亦善哉

漆雕秘閣

危而不持顛而不扶則吾

斯之未能信以其弥執熱

之患無垓坐之處故宜輔

以宝文而親近君子

陶寶文

出河濵而無苦窳經緯之
象劉桑之理炳其綱中虛
已待物不飾外貌佐高秘
閣空無愧焉

湯提點

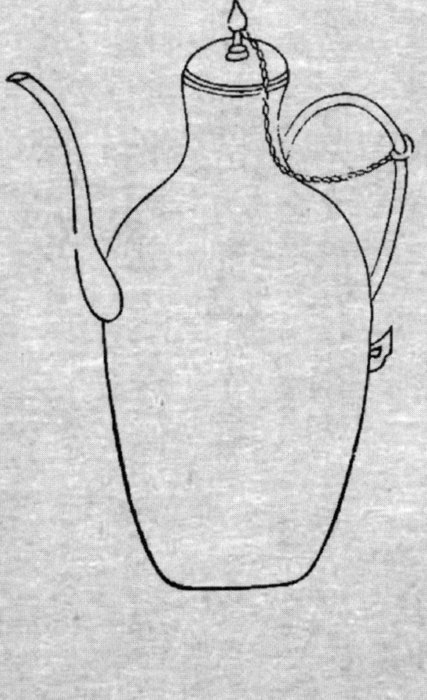

養浩然之氣發沸騰之聲
以執中之能輔成湯之德
斟酌賓主間功邁仲叔圉
然未免外爍之憂復有内
熱之患柰何

竺副帥

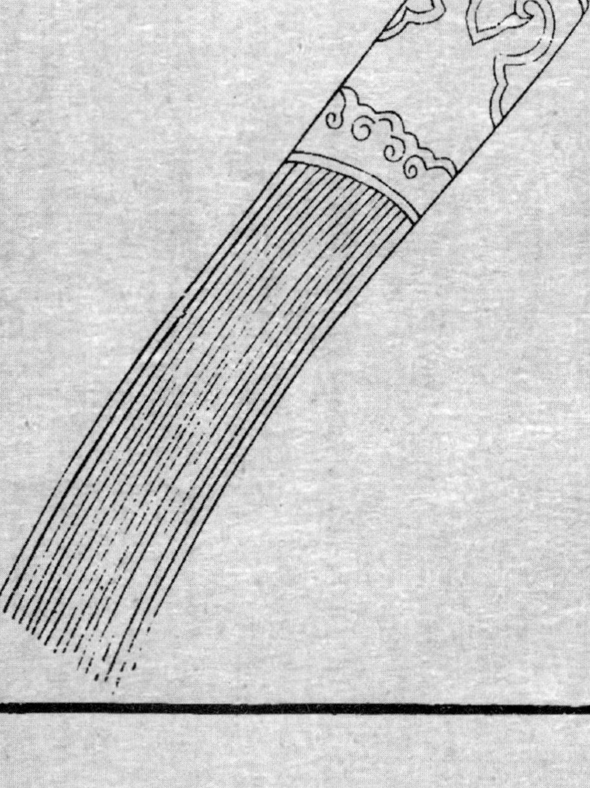

首陽餓夫毅諫於鼎沸之
時方今鼎揚湯能探其沸
者幾希子之清節獨以身
試非臨難不顧者疇見爾

司職方

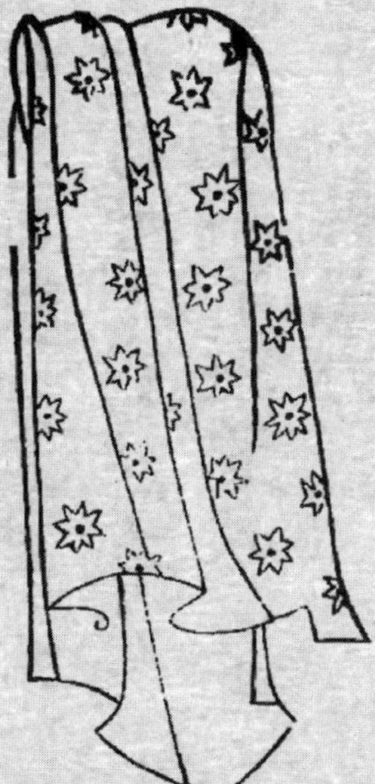

互鄉童子聖人猶與其
進況端方質素經緯有
理絲身涅而不緇者此
孔子所以與潔也

飲之用必先茶而茶不見於禹貢蓋
全民用而不爲利後世榷茶立爲制
非古聖意也陸鴻漸著茶經蔡君謨
著茶譜孟諫議寄盧玉川三百月團
後侈至龍鳳之飾責當備于君謨制
茶必有其具錫具姓而繫名寵以爵

加以號季宗之彌文然清逸高遠上
通王公下逮林野亦雅道也賛法遷
固經世康國斯焉攸寓乃所願與十
二先生周旋嘗山泉極品以終身此
閒富貴也天豈靳乎哉
野航道人長洲朱存理題

茶經卷下

唐　竟陵陸羽鴻漸撰

明　晋安鄭熜允榮校

五之煑

凡炙茶愼勿於風燼間炙熛焰如鑽使炎凉不均持以逼火屢其飜正候炮普教反出培塿狀蝦蟆背然後去火五寸卷而舒則本其始又炙之若火乾者以氣熟止日乾者以柔止其始若茶之至嫩者蒸罷熱搗葉爛而牙筍存焉假以力者持千鈞杵亦不之爛如

漆科珠壯士接之不能駐其指及就則似無穰骨也
炙之則其節若倪倪如嬰兒之臂耳既而承熱用紙
囊貯之精華之氣無所散越候寒末之（末之上者其
屑如細米末之下者其屑如菱角）其火用炭次用勁薪（謂桑槐桐
櫪之類也）其炭曾經
燔炙爲膻膩所及及膏木敗器不用之（膏木謂栢桂
檜也敗器謂
朽廢器也）古人有勞薪之味信哉其水用山水上江水中
井水下（荈賦所謂水則岷
方之注挹彼清流）其山水揀乳泉石池慢流
者上其瀑湧湍漱勿食之久食令人有頸疾又多別
流於山谷者澄浸不洩自火天至霜郊以前或潛龍

蓄毒於其間飲者可決之以流其惡使新泉涓涓然酌之其江水取去人遠者井取汲多者其沸如魚目微有聲爲一沸緣邊如湧泉連珠爲二沸騰波鼓浪爲三沸已上水老不可食也初沸則水合量調之以鹽味謂棄其啜餘（啜嘗也市稅反又市悅反）無迺䶣鑑而鍾其一味乎（䶣古暫反鑑吐濫反無味也）第二沸出水一瓢以竹筴環激湯心則量末當中心而下有頃勢若奔濤濺沫以所出水止之而育其華也凡酌置諸盌令沫餑均（字書并本草餑均茗沫也蒲笏反）沫餑湯之華也華之薄者曰沫厚者曰

茶經　卷下　二十八

餑細輕者曰花如棗花漂漂然於環池之上又如廻潭曲渚青萍之始生又如晴天爽朗有浮雲鱗然其沫者若綠錢浮於水渭又如菊英墮於鐏俎之中餑者以滓煮之及沸則重華累沫皤皤然若積雪耳荈賦所謂煥如積雪燁若春藪有之第一煮水沸而棄其沫之上有水膜如黑雲母飲之則其味不正其第一者爲雋永徐縣全縣二反至美者曰雋永雋味也永長也史長曰雋永漢書蒯通著雋永篇也或留熟以貯之以備育華救沸之用諸第一與第二第三盌次之第四第五盌外非渴甚莫之飲凡

煮水一升酌分五盌（盌數少至三多至五若人多至十加兩爐）乘熱連飲
之以重濁凝其下精英浮其上如冷則精英隨氣而
竭飲啜不消亦然矣茶性儉不宜廣則其味黯澹且
如一滿盌啜半而味寡況其廣乎其色緗也其馨𩡓
也（香至美曰𩡓𩡓音備）其味甘檟也不甘而苦荈也啜苦咽甘
茶也（一本云其味苦而不甘檟也甘而不苦荈也）

六之飲

翼而飛毛而走呿而言此三者俱生於天地間飲啄
以活飲之時義遠矣哉至若救渴飲之以漿蠲憂忿

飲之以酒蕩昏寐飲之以茶茶之爲飲發乎神農氏
聞於魯周公齊有晏嬰漢有楊雄司馬相如吳有韋
曜晉有劉琨張載遠祖納謝安左思之徒皆飲焉滂
時浸俗盛於國朝兩都幷荊俞（俞當作渝巴渝也）間以爲比
屋之飲飲有觕茶散茶末茶餅茶者乃斫乃熬乃煬
乃舂貯於瓶缶之中以湯沃焉謂之痷茶或用葱薑
棗橘皮茱萸薄荷之等煮之百沸或揚令滑或煮去
沫斯溝渠間棄水耳而習俗不已於戲天育萬物皆
有至妙人之所工但獵淺易所庇者屋屋精極所著

者衣衣精極所飽者飲食食與酒皆精極之茶有九
難一日造二日別三日器四日火五日水六日炙七
日末八日煮九日飲陰採夜焙非造也嚼味嗅香非
別也羶鼎腥甌非器也膏薪庖炭非火也飛湍壅潦
非水也外熟內生非炙也碧粉縹塵非末也操艱攪
遽非煮也夏興冬廢非飲也夫珍鮮馥烈者其盌數
三次之者盌數五若坐客數至五行三盌至七行五
盌若六人已下不約盌數但闕一人而已其雋永補
所闕人

七之事

三皇炎帝神農氏

周魯周公旦

齊相晏嬰

漢仙人丹丘子黄山君司馬文園令相如楊執戟雄

吳歸命侯韋太傅弘嗣

晉惠帝劉司空琨琨兄子兖州刺史演張黄門孟陽

傅司隸咸江洗馬統孫參軍楚左記室太冲陸吳興

納納兄子會稽内史俶謝冠軍安石郭弘農璞桓揚

州溫杜舍人毓武康小山寺釋法瑤沛國夏侯愷餘
姚虞洪北地傅巽丹陽弘君舉新安任育長（育長任瞻字元本遺長字今增之）宣城秦精燉煌單道開剡縣陳務妻廣陵
老姥河內山謙之
後魏瑯琊王肅
宋新安王子鸞鸞弟豫章王子尚鮑昭妹令暉八公
山沈門譚濟
齊世祖武帝
梁劉廷尉陶先生弘景

皇朝徐英公勣

神農食經茶茗久服人有力悅志

周公爾雅檟苦荼廣雅云荊巴間採葉作餅葉老者餅成以米膏出之欲煮茗飲先炙令赤色搗末置瓷器中以湯澆覆之用葱薑橘子芼之其飲醒酒令人不眠

晏子春秋嬰相齊景公時食脫粟之飯炙三弋五卵茗菜而已

司馬相如凡將篇烏喙桔梗芫華款冬貝母木蘗蔞

芩草芍藥桂漏蘆蜚廉雚菌荈詫白斂白芷菖蒲芒
硝莞椒茱萸
楊雄方言蜀西南人謂茶曰蔎
吳志韋曜傳孫皓每饗宴坐席無不率以七勝爲限
雖不盡入口皆澆灌取盡曜飲酒不過二升皓初禮
異密賜茶荈以代酒
晉中興書陸納爲吳興太守時衛將軍謝安常欲詣
納晉書以納爲吏部尚書納兄子俶怪納無所備不敢問之乃
私蓄數十人饌安既至所設唯茶果而已俶遂陳盛

饌珍羞必具及安去納杖徹四十云汝既不能光益
叔父奈何穢吾素業
晉書桓溫爲揚州牧性儉每讌飲唯下七奠柈茶果
而已
搜神記夏侯愷因疾死宗人字苟奴察見鬼神見愷
來收馬幷病其妻著平上幘單衣入坐生時西壁大
床就人覓茶飲
劉琨與兄子南兗州刺史演書云前得安州乾薑一
斤桂一斤黃芩一斤皆所須也吾體中潰悶常仰眞

以因二字衍文　簾當作廉　蜀字上脫用字

茶汝可置之遺當作饋

傳咸司隸教曰聞南方有以困蜀嫗作茶粥賣爲簾事打破其器具後又賣餅於市而禁茶粥以蜀姥何哉

神異記餘姚人虞洪入山採茗遇一道士牽三青牛引洪至瀑布山曰予丹丘子也聞子善具飲常思見惠山中有大茗可以相給祈子他日有甌犧之餘乞相遺也因立奠祀後常令家人入山獲大茗焉

左思嬌女詩吾家有嬌女皎皎頗白晳小字爲紈素

口齒自清歷有姊字惠芳眉目粲如畫馳騖翔園林
果下皆生摘貪華風雨中倏忽數百適心爲茶荈劇
吹噓對鼎鑩
張孟陽登成都樓詩云借問楊子舍想見長卿廬程
卓累千金驕侈擬五侯門有連騎客翠帶腰吳鈎鼎
食隨時進百和妙且殊披林採秋橘臨江釣春魚黑
子過龍醢果饌踰蟹蝑芳茶冠六情溢味播九區人
生苟安樂茲土聊可娛
傅巽七誨蒲桃宛柰齊柿燕栗峘陽黄梨巫山朱橘

南中茶子西極石蜜

弘君舉食檄寒温既畢應下霜華之茗三爵而終應下諸蔗木瓜元李楊梅五味橄欖懸豹葵羹各一杯

孫楚歌茱萸出芳樹顛鯉魚出洛水泉白鹽出河東美豉出魯淵薑桂茶荈出巴蜀椒橘木蘭出高山蓼蘇出溝渠精稗出中田

華佗食論苦茶久食益意思

壺居士食忌苦茶久食羽化與韭同食令人體重

郭璞爾雅注云樹小似梔子冬生葉可煮羹飲今呼

早取爲茶晚取爲茗或一曰荈蜀人名之苦茶

世說任瞻字育長少時有令名自過江失志既下飲問人云此爲茶爲茗覺人有怪色乃自申明云向問飲爲熱爲冷耳（下飲謂設茶也）

續搜神記晉武帝宣城人秦精常入武昌山採茗遇一毛人長丈餘引精至山下示以叢茗而去俄而復還乃探懷中橘以遺精精怖負茗而歸

晉四王起事惠帝蒙塵還洛陽黃門以瓦盂盛茶上至尊

異苑剡縣陳務妻少與二子寡居好飲茶茗以宅中有古塚每飲輒先祀之二子患之曰古塚何知徒以勞意欲掘去之母苦禁而止其夜夢一人云吾止此塚三百餘年卿二子恒欲見毀賴相保護又享吾佳茗雖潛壤朽骨豈忘翳桑之報及曉於庭中獲錢十萬似久埋者但貫新耳母告二子慚之從是禱饋愈甚

饋摩本作歆

廣陵耆老傳晉元帝時有老姥每旦獨提一器茗往市鬻之市人競買自旦至夕其器不減所得錢散路

傍孤貧乞人人或異之州法曹縶之獄中至夜老姥
執所鬻茗器從獄牖中飛出
藝術傳燉煌人單道開不畏寒暑常服小石子所服
藥有松桂蜜之氣所餘茶蘇而已
釋道該說續名僧傳宋釋法瑤姓楊氏河東人永嘉
中過江遇沈臺真請真君武康小山寺年垂懸車懸車
喻日入之候指人垂老時也淮南子曰日至悲泉爰息其馬亦此意飯所飲茶永明中
敕吳興禮致上京年七十九
宋江氏家傳江統字應遷愍懷太子洗馬常上疏諫

云令西園賣醯麪藍子菜茶之屬虧敗國體

宋録新安王子鸞豫章王子尚詣曇濟道人於八公山道人設茶茗子尚味之曰此甘露也何言茶茗

王微雜詩寂寂掩高閣寥寥空廣厦待君竟不歸收領今就檟

鮑昭妹令暉著香茗賦

南齊世祖武皇帝遺詔我靈座上愼勿以牲爲祭但設餅果茶飲乾飯酒脯而已

梁劉孝綽謝晉安王餉米等啓傳詔李孟孫宣教旨

荀作筍

輕換骨疑輕身換骨之訛

垂賜米酒瓜荀菹脯酢茗八種氣苾新城味芳雲松江潭抽節邁昌荇之珍疆場擢翹越葺精之美羞非純束野麏裛似雪之驢鮓異陶瓶河鯉操如瓊之粲茗同食粲酢類望柑免千里宿舂省三月種聚小人懷惠大懿難忘

陶弘景雜錄苦茶輕換膏昔丹丘子黃山君服之

後魏錄瑯琊王肅仕南朝好茗飲蓴羹及還北地又好羊肉酪漿人或問之茗何如酪肅曰茗不堪與酪爲奴

桐君錄西陽武昌廬江晋陵好茗皆東人作清茗茗有餑飲之宜人凡可飲之物皆多取其葉天門冬拔揳取根皆益人又巴東別有眞茗茶煎飲令人不眠俗中多煑檀葉并大皁李作茶並冷又南方有瓜蘆木亦似茗至苦澁取爲屑茶飲亦可通夜不眠煑鹽人但資此飲而交廣最重客來先設乃加以香芼輩

坤元錄辰州漵浦縣西北三百五十里無射山云蠻俗當吉慶之時親族集會歌舞於山上山多茶樹

括地圖臨遂縣東一百四十里有茶溪

山謙之吳興記烏程縣西二十里有温山出御荈

夷陵圖經黄牛荆門女觀望州等山茶茗出焉

永嘉圖經永嘉縣東三百里有白茶山

淮陰圖經山陽縣南二十里有茶坡

茶陵圖經云茶陵者所謂陵谷生茶茗焉本草木部

茗苦茶味甘苦微寒無毒主瘻瘡利小便去痰渴熱

令人少睡秋採之苦主下氣消食注云春採之

本草菜部苦茶一名茶一名選一名游冬生益州川

谷山陵道傍凌冬不死三月三日採乾注云疑此即

是今茶一名茶令人不眠本草注按詩云誰謂荼苦又云堇荼如飴皆苦菜也陶謂之苦茶木類非菜流茗春採謂之苦搽 途遐反

枕中方療積年瘻苦茶蜈蚣並炙令香熟等分搗篩煮甘草湯洗以末傅之

孺子方療小兒無故驚蹶以苦茶葱鬚煮服之

八之出

山南以峽州上 峽州生遠安宜都夷陵三縣山谷 襄州荊州次 襄州生南鄣縣山谷荊州生江陵縣山谷 衡州下 衡州生衡山茶陵二縣山谷 金州梁州又下

金州生西城安康二縣山谷梁州生襃城金牛二縣山谷

淮南以光州上生光山縣黃頭港者與峽州同義陽郡舒州次生義陽縣鍾山者與襄州同舒州生太湖縣潛山者與荊州同壽州下生盛唐縣霍山者與衡山同蘄州黃州又下蘄州生黃梅縣山谷黃州生麻城縣山谷並與荊州梁州同

浙西以湖州上湖州生長城縣顧渚山谷與峽州光州同若生山桑儒師二寺白茅山懸脚嶺與襄州荊南義陽郡同生鳳亭山伏翼閣飛雲曲水二寺啄木嶺與壽州常州同生安吉武康二縣山谷與金州梁州同常州次常州義興縣生君山懸脚嶺北峯下與荊州義陽郡同生圈嶺善權寺石亭山與舒州同宣州杭州睦州歙州下宣州生宣城縣雅山與蘄州同生太平縣上睦臨睦與黃州同杭州臨安於潛二縣生天目山與舒州同錢塘生天竺靈隱二寺睦州生桐廬

縣山谷歙州生婺源山谷與衡州同潤州蘇州又下潤州江寧縣生傲山蘇州長洲縣生洞庭山與金州蘄州梁州同

劍南以彭州上生九隴縣馬鞍山至德寺棚口與襄州同綿州蜀州次綿州龍安縣生松嶺關與荊州同其西昌昌明神泉縣西山若並佳有過松嶺者不堪採蜀州青城縣生丈人山與綿州同青城縣有散茶木茶邛州次雅州瀘州下雅州百丈山名山瀘州瀘川者與金州同也眉州漢州又下眉州丹校縣生鐵山者漢州綿竹縣生竹山者與潤州同

浙東以越州上餘姚縣生瀑布泉嶺曰仙茗大者殊異小者與襄州同明州婺州次明州貨縣生榆莢村婺州東陽縣東目山與荊州同台州下台州豐縣生赤城者與歙

州同

黔中生恩州播州費州夷州

江南生鄂州袁州吉州

嶺南生福州建州韶州象州（福州生閩方山山陰縣）其恩播費夷鄂袁吉福建韶象十一州未詳往往得之其味極佳

九之略

其造具若方春禁火之時於野寺山園叢手而掇乃蒸乃舂乃煬以火乾之則又棨樸焙貫棚穿育等七

事皆廢其煮器若松間石上可坐則具列廢用槁薪鼎鑠之屬則風爐灰承炭檛火筴交床等廢若瞰泉臨澗則水方滌方漉水囊廢若五人已下茶可味而精者則羅廢若援藟躋嵒引絙入洞於山口炙而末之或紙包合貯則碾拂末等廢既瓢盌筴札熟盂鹺簋悉以一筥盛之則都籃廢但城邑之中王公之門二十四器闕一則茶廢矣

十之圖

以絹素或四幅或六幅分布寫之陳諸座隅則茶之

源之具之造之器之煮之飲之事之出之略目擊而
存於是茶經之始終備焉

茶經

下

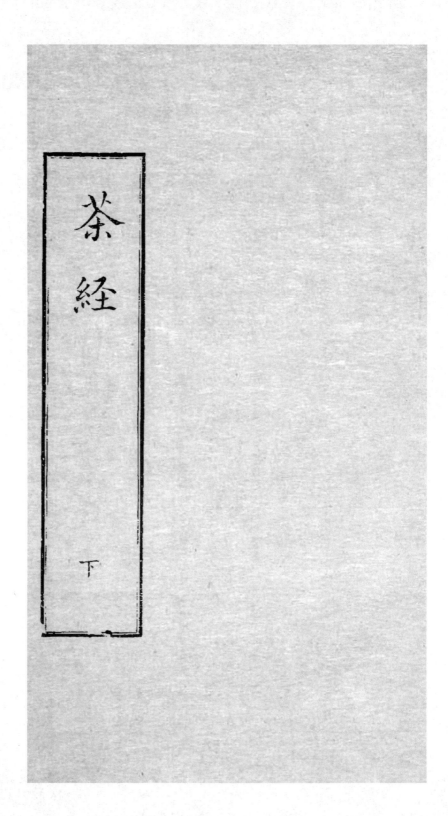

傳

唐陸羽字鴻漸一名疾字季疵復州竟陵人不知所
生或言有僧晨起聞湖傍羣鴈喧集以翼覆一嬰兒
遂收畜之既長以易自筮得蹇之漸曰鴻漸于陸其
羽可用爲儀乃以陸爲氏名而字之幼時其師教以
旁行書答曰終鮮兄弟而絕後嗣得爲孝乎師怒使
執糞除圬墁以苦之又使牧牛三十羽潛以竹畫牛
背爲字得張衡兩都賦不能讀危坐效羣兒囁嚅若
成誦狀師拘之令薙草莽當其記文字懵懵若有遺

過月不作主者鞭苔因歎曰歲月往矣奈何不知書
鳴咽不自勝因亡去匿爲優人作詼諧數千言大寶
中州人酺吏署羽伶師太守李齊物見異之授以書
遂廬火門山貌侻陋口吃而辯聞人善若在己見有
過者規切至忤人朋友燕處意有所行輒去人疑其
多嗔與人期雨雪虎狼不避也上元初更隱苕溪自
稱桑苧翁又號竟陵子東園先生東岡子闔門著書
或獨行野中誦詩擊木徘徊不得意或慟哭而歸故
時謂今接輿也久之詔拜羽太子文學徙太常寺太

祝不就職貞元末卒羽嗜茶著茶經三篇言茶之源
之法之具尤備天下益知飲茶矣時鬻茶者至陶羽
形置煬突間祀爲茶神有常伯熊者因羽論復廣著
茶之功御史大夫李季卿宣慰江南次臨淮知伯熊
善煑茶召之伯熊執器前季卿爲再舉盃至江南又
有薦羽者召之羽衣野服挈具而入季卿不爲禮羽
愧之更著毀茶論其後尚茶成風時回紇入朝始驅
馬市茶

童史氏承敘曰余嘗過竟陵憩羽故寺訪鴈橋觀茶

幷慨然想見其爲人夫羽少厭髡緇篤嗜墳索本非忘世者卒廼寄號桑苧遁跡苕霅嘯歌獨行繼以痛哭其意必有所在時廼比之接輿豈知羽者哉至其性嗜茗舛味辨淄澠清風雅趣膾炙今古張顛之於酒也昌黎以爲有所託而逃羽亦以是夫

茶經外集

明　新都孫大綬編次
明　晋安鄭　熜校梓

唐

六羨歌　陸羽

不羨黃金罍不羨白玉盃不羨朝入省不羨暮入臺
千羨萬羨西江水曾向竟陵城下來

茶歌　盧仝

日高丈五睡正濃將軍扣門驚周公口傳諫議送書

信白絹斜封三道印開緘宛見諫議面手閲月團三十
百片聞道新年入山裏蟄蟲驚動春風起天子須嘗
陽羨茶百草不敢先開花仁風暗結珠蓓蕾先春抽
出黃金芽摘鮮焙芳旋封裹至精至好且不奢至尊
之餘合王公何事便到山人家柴門反關無俗客紗
帽籠頭自煎喫碧雲引風吹不斷白花浮光凝椀面
一椀喉吻潤二椀破孤悶三椀搜枯腸惟有文字五
千卷四椀發輕汗平生不平事盡向毛孔散五椀肌
骨清六椀通仙靈七椀吃不得也唯覺兩腋習習清

風生蓬萊山在何處　玉川子乘此清風欲歸去
山上群仙司下土地位清高隔風雨安得知百萬億
蒼生命墮顛崖受辛苦便從諫議問蒼生到頭不得
蘇息否

送羽採茶　皇甫曾

千峰待逋客香茗復叢生採摘知深處烟霞羨獨行
幽期山寺遠野飯石泉清寂寂燃燈夜相思磬一聲

送羽赴越　皇甫冉

行隨新樹深夢隔重江遠迢遞風日間蒼茫洲渚晚

尋陸羽不遇　僧皎然

移家雖帶郭野徑入桑麻近種籬邊菊秋來未著花

扣門無犬吠欲去問西家報道山中出歸來每日斜

西塔院　裴拾遺

竟陵文學泉蹤跡尚虛無不獨支公住曾經陸羽居

草堂荒産蛤茶井冷生魚一汲清泠飲高風味有餘

宋

鬪茶歌　范希文

年年春自東南來建溪先暖冰微開溪邊奇花冠天下

下武夷仙人從古栽新雷昨夜發何處家家嬉笑穿
雲去露芽錯落一番榮綴玉含珠散嘉樹終朝采掇
未盈襜惟求精粹不敢貪研膏焙乳有雅製方中圭
兮圓中蟾北苑將期獻天子林下雄豪先鬭美鼎磨
雲外首山銅瓶攜江上中泠水黃金碾畔綠雲飛碧
玉甌中翠濤起鬭茶味兮輕醍醐鬭茶香兮薄蘭芷
其間品第胡能欺十目視而十手指勝若登仙不可
攀輸同降將無窮恥吁嗟天產石上英論功不愧階
前蓂衆人之濁我獨清千人之醉我獨醒屈原試與

招魂魄劉伶却得聞雷霆盧仝敢不歌陸羽須作經森然萬象中焉知無茶星商山丈人休茹芝首陽先生休採薇長安酒價減千萬成都藥市無光輝不如仙山一啜好泠然便欲乘風飛君莫羨花間女郎只鬬草贏得珠璣滿斗歸

觀陸羽茶井　王禹偁

甃石封苔百尺深試茶滋味少知音惟餘半夜泉中月留得先生一片心

茶經水辨

唐江州刺史張又新煎茶水記

元和九年春余初成名與同年生期于薦福寺余與李德垂先至憩西廂玄鑒室會適有楚僧至置囊有數編書余偶抽一通覽焉文細密皆雜記卷末又一題云煮茶記云代宗朝李季卿刺湖州至維揚逢陸處士鴻漸李素熟陸名有傾蓋之懽因之赴郡抵揚子驛將食李曰陸君善于茶蓋天下聞名矣況楊子南零水又殊絶今日二妙千載一遇可曠之乎命軍

士謹信者挈瓶操舟深詣南零陸利器以俟之俄水至陸以杓揚其水曰江則江矣非南零者似臨岸之水使曰某櫂舟深入見者累百敢虛紿乎陸不言既而傾諸盆至半陸遽止之又以杓揚之曰自此南零者矣使蹶然大駭馳下曰某自南零齎至岸舟蕩覆半懼其尠挹岸水增之處士之鑒神鑒也其敢隱焉李與賓從數十人皆大駭愕李因問陸既如是所經歷處之水優劣精可判矣陸曰楚水第一晉水最下李因命筆口授而次第之凡二十水且曰此皆余嘗

試之非係茶之精粗過此不之知也夫茶烹於所產處無不佳也蓋水土之宜離其處水功其半然善烹潔器全其功也李置諸笥焉遇有言茶者即示之

宋歐陽修大明水記

世傳陸羽茶經其論水云山水上江水次井水下又云山水乳泉石池漫流者上瀑湧湍瀨勿食食久令人有頸疾江水取去人遠者井水取汲多者其說止此而未嘗品第天下之水味也至張又新爲煎茶水記始云劉伯芻謂水之宜茶者有七等又載羽爲季卿論水次第有二十種今考二說與羽茶經皆不合羽謂山水上而乳泉石池又上江水次而井水下伯芻以楊子江爲第一惠山石泉爲第二虎丘石井

爲第三丹陽寺井爲第四揚州大明寺井第五松江
第六淮水第七與羽說皆相反羽所說二十水廬山
康王谷水第一無錫惠山石泉第二蘄州蘭谿石下
水第三峽州扇子峽蝦蟆口水第四虎丘寺石泉第
五廬山招賢寺下方橋潭水第六揚子江南零水第
七洪州西山瀑布水第八桐柏淮源第九廬州龍池
山頂水第十丹陽觀音寺井第十一揚州大明寺井
第十二漢江金州中零水第十三歸州玉虛洞香溪
水第十四商州武關西洛水第十五松江十六天台

千丈瀑布十七郴州圓泉十八嚴陵灘水十九雪水二十如蝦蟆口水西山瀑布天台千丈瀑布皆羽戒人勿食食而生疾其餘江水居山水上井水居江水上皆與茶經相反疑羽不當二說以自異使誠羽說何足信也得非又新妄附益之耶其述羽辨南零岸水特怪其妄也山水味有美惡而已欲擧天下之水一一而次第之者妄說也故其爲說前後不同如此然羽之論水惡渟浸而喜泉源故井取汲多者江雖長流然衆水雜聚故次山水惟此說近物理云

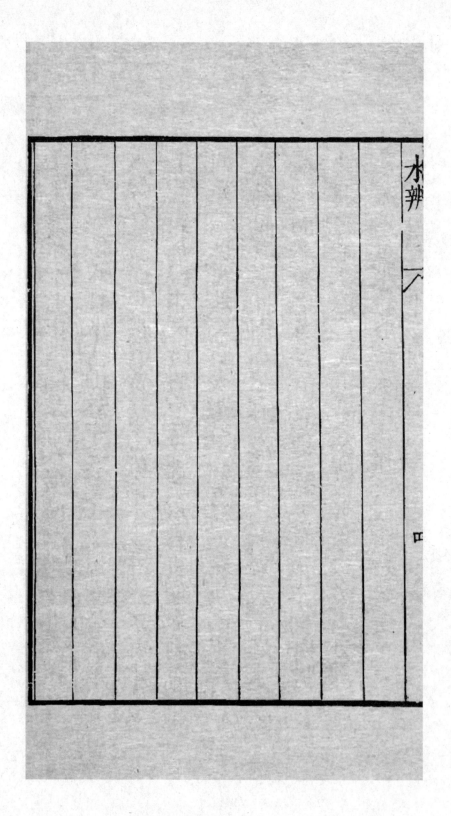

浮槎山水記

余嘗讀茶經愛陸羽善言水後得張又新水記載劉伯芻李季卿所列水次第以爲得之於羽然以茶經考之皆不合又新妄狂險譎之士其言難信頗疑非羽之說及得浮槎山水然後益知羽爲知水者浮槎與龍池山皆在廬州界中較其味不及浮槎遠甚而又新所記以龍池爲第十浮槎之水棄而不錄以此知所失多矣羽則不然其論曰山水上江次之井爲下山水乳泉石池漫流者上其言雖簡而於論水盡

矣

水辨終

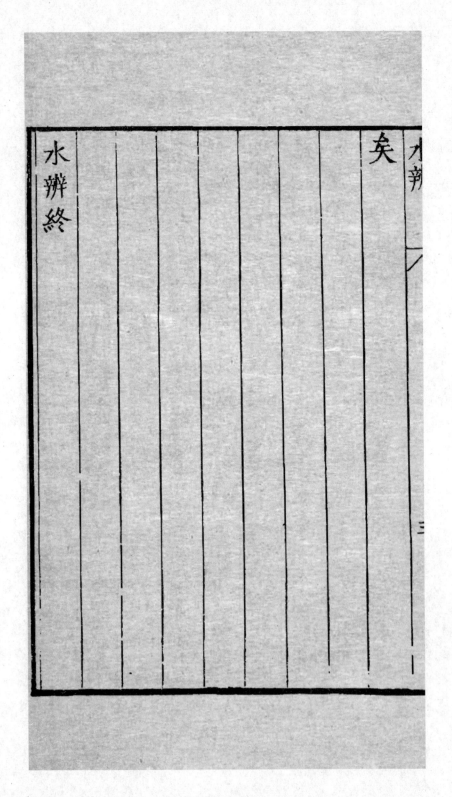

茶譜序

余性嗜茗弱冠時識吳心遠於陽羨識過養拙於琴川二公極於茗事者也授余收焙烹點法頗爲簡易及閱唐宋茶譜茶錄諸書法用熟碾細羅爲末爲餅所謂小龍團尤爲珍重故當時有金易得而龍餅不易得之語嗚呼豈士人而能爲此哉頃見友蘭翁所集茶譜其法於二公頗合但收採古今篇什太繁甚失譜意余暇日删校仍附王友石竹爐并分封六事於後當與

有玉川之癖者其之也吳郡顧元慶序

茶譜序畢

茶譜

明　吳郡顧元慶輯

茶略

茶者南方嘉木自一尺二尺至數十尺其巴峽有兩人抱者伐而掇之樹如瓜蘆葉如梔子花如白薔薇實如栟櫚蒂如丁香根如胡桃

茶品

茶之產于天下多矣若劍南有蒙頂石花湖州有顧渚紫筍峽州有碧澗明月邛州有火井思安渠江有

薄片巴東有眞香福州有柏巖洪州有白露常之陽羨婺之舉巖丁山之陽坡龍安之騎火黔陽之都濡高株瀘川之納溪梅嶺之數者其名皆著品第之則石花最上紫筍次之又次則碧澗明月之類是也惜皆不可致耳

藝茶

藝茶欲茂法如種瓜三歲可採陽崖陰林紫者爲上綠者次之

採茶

團黄有一旗二鎗之號言一葉二芽也凡早取爲茶
晩取爲荈穀雨前後收者爲佳粗細皆可用惟在採
摘之時天色晴明炒焙適中盛貯如法

藏茶

茶宜蒻葉而畏香藥喜温燥而忌冷濕故收藏之家
以蒻葉封裹入焙中兩三日一次用火當如人體温
温則禦濕潤若火多則茶焦不可食

制茶諸法

橙茶將橙皮切作細絲一觔以好茶五觔焙乾入橙

絲開和用密麻布襯墊火箱置茶於上烘熟淨綿被罨之三兩時隨用建連紙袋封裹仍以被罨焙乾收用

蓮花茶於日未出時將半含蓮花撥開放細茶一撮納滿蘂中以麻皮略縶令其經宿次早摘花傾出茶葉用建紙包茶焙乾再如前法又將茶葉入別蘂中如此者數次取其焙乾收用不勝香美

木樨茉莉玫瑰薔薇蘭蕙橘花梔子木香梅花皆可作茶諸花開時摘其半含半放蘂之香氣全者量其

茶葉多少摘花爲茶花多則太香而脫茶韻花少則不香而不盡美三停茶葉一停花始稱假如木樨花須去其枝蒂及塵垢蟲蟻用磁罐一層茶一層花投間至滿紙箬縶固入鍋重湯煮之取出待冷用紙封裹置火上焙乾收用諸花倣此

煎茶四要

一擇水

凡水泉不甘能損茶味之嚴故古人擇水最爲切要山水上江水次井水下山水乳泉漫流者爲上瀑湧

湍激勿食食久令人有頸疾江水取去人遠者井水取汲多者如蟹黃混濁鹹苦者皆勿用

二洗茶

凡烹茶先以熱湯洗茶葉去其塵垢冷氣烹之則美

三候湯

凡茶須緩火炙活火煎活火謂炭火之有焰者當使湯無妄沸庶可養茶始則魚目散布微微有聲中則四邊泉湧纍纍連珠終則騰波鼓浪水氣全消謂之老湯三沸之法非活火不能成也

凡茶少湯多則雲脚散湯少茶多則乳面聚

四　擇器

凡瓶要小者易候湯又點茶注湯有應若瓶大啜存停久味過則不佳矣茶銚茶瓶銀錫爲上甆石次之

茶色白宜黑盞建安所造者紺黑紋如兎毫其坯微厚熁之久熱難冷最爲要用出他處者或薄或色異皆不及也

點茶三要

一滌器

茶瓶茶盞茶匙生鉎（音星）致損茶味必須先時洗潔則
美

二　熁盞

凡點茶先須熁盞令熱則茶面聚乳冷則茶色不浮

三　擇果

茶有真香有佳味有正色烹點之際不宜以珍果香
草襍之奪其香者松子柑橙杏仁蓮心木香梅花茉
莉薔薇木樨之類是也奪其味者牛乳番桃荔枝圓
眼水梨枇杷之類是也奪其色者柿餅膠棗火桃楊

梅橙橘之類是也凡飲佳茶去果方覺清絕雜之則無辨矣若必曰所宜核桃榛子瓜仁棗仁菱米欖仁栗子鷄頭銀杏山藥筍乾芝麻莒蒿萵巨芹菜之類精製或可用也

茶效

人飲眞茶能止渴消食除痰少睡利水道明目益思出本草拾遺除煩去膩人固不可一日無茶然或有忌而不飲每食已輒以濃茶漱口煩膩既去而脾胃自清凡肉之在齒間者得茶漱滌之乃盡消縮不覺脫去

不煩刺挑也而齒性便苦緣此漸堅密蠹毒自已矣

然率用中下茶出蘇文

苦節君像

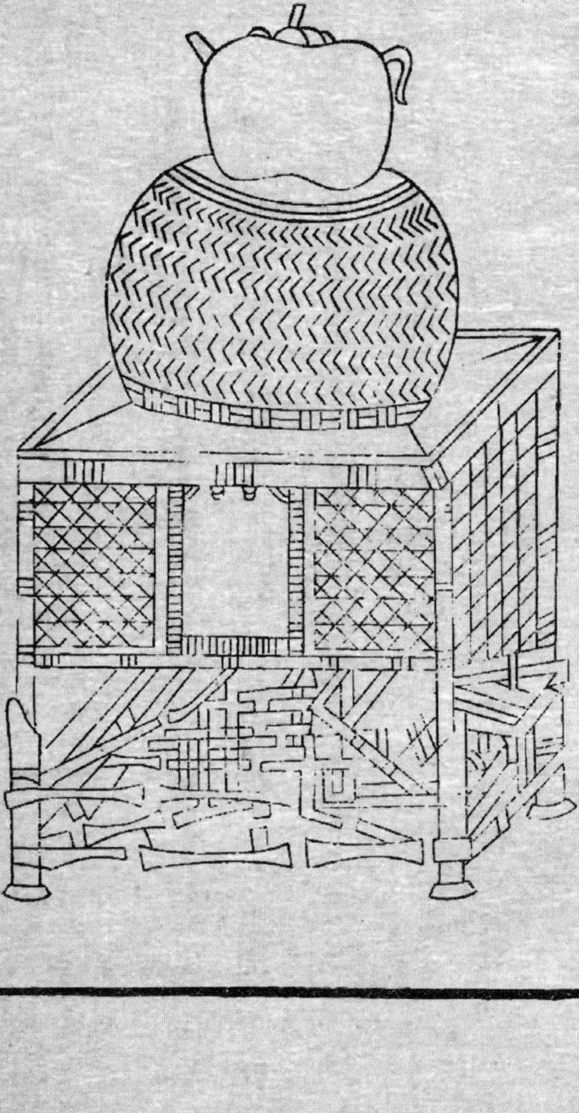

苦節君銘　錫山盛顒著

肖形天地匪冶匪陶心存活

火聲帶湘濤一滴甘露滌我

詩腸清風兩腋洞然八荒

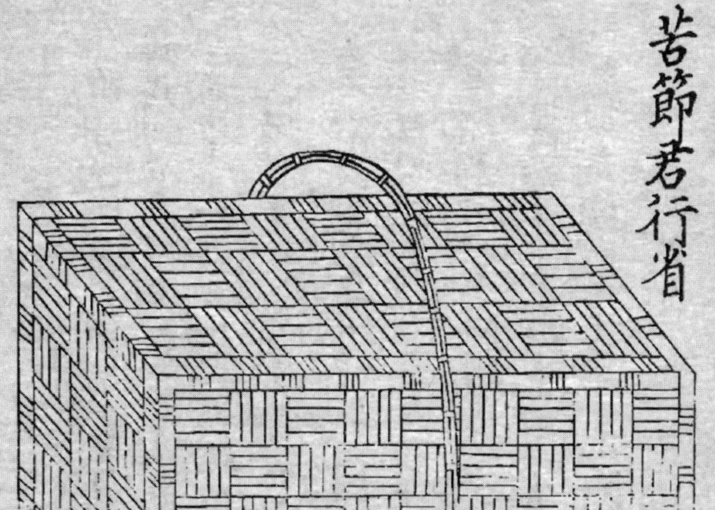
苦節君行省

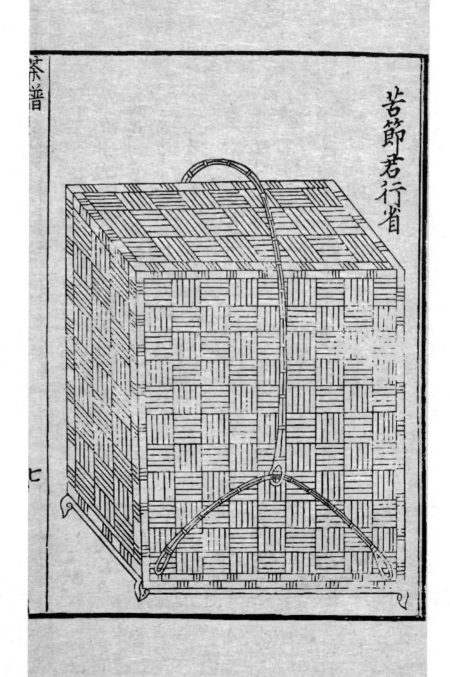

茶具六事分封悉貯於此侍從苦節君于泉石
山齋亭館間執事者故以行省名之按茶經有
一源二具三造四器五煮六飲七事八出九略
十圖之說夫器雖居四不可以不備闕之則九
者皆荒而茶廢矣得是以管攝衆器固無一闕
況兼以惠麓之泉陽羨之茶烏呼殆哉陸鴻漸
所謂都籃者此其是與款識以湘筠編製因見
閩潛故不暇論甲申春三月穀雨日惠麓茶仙
盛虞識　六事分封見後

建城

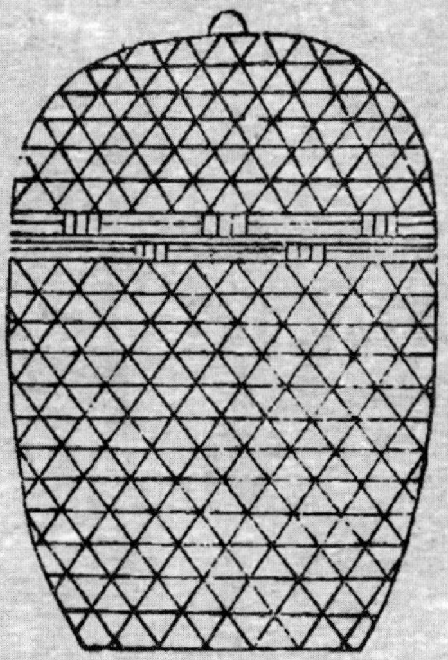

茶宜密裹故以箬籠盛之宜於高閣不宜濕氣恐失真味也古人因以用火依時焙之常如人體溫溫則禦濕潤今稱建城按茶録云建安民間以茶為尚故據地以城封之

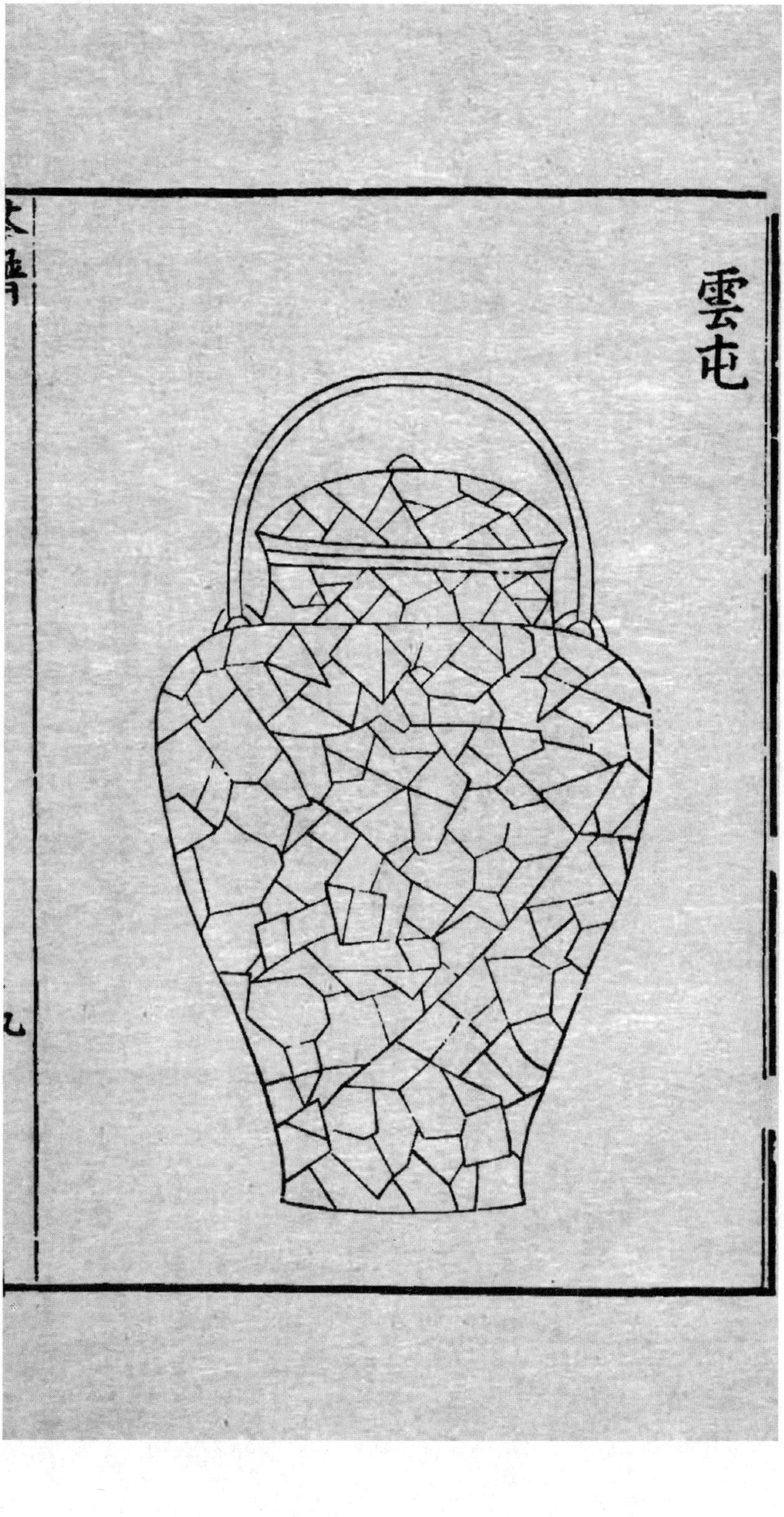
雲屯

泉汲於雲根取其潔也欲全香液之腴故以石子同貯瓶缶中用供烹煮水泉不甘者能損茶味前世之論必以惠山泉宜之今名雲屯蓋雲即泉也得貯其所雖與列職諸君同事而獨屯於斯豈不清高絕俗而自貴哉

烏府

炭之為物貌玄性剛遇火則威靈氣燄赫
然可畏觸之者腐犯之者焦殆猶憲司行
部而姦宄無狀者望風自靡苦節君得
此甚利於用也況其別號烏銀故特表
章其所藏之具曰烏府不亦宜哉

水曹

茶之真味蘊諸鎗旗之中必浣之以水而後發也既復加之以水投之以泉則陽嘘陰翕自然交姤而馨香之氣溢於鼎矣故凡苦節君器物用事之餘未免有殘瀝微垢皆賴水沃盥名其器曰水曹如人之濯於盤水則垢除体潔而有日新之功豈不有關於世教也耶

器局

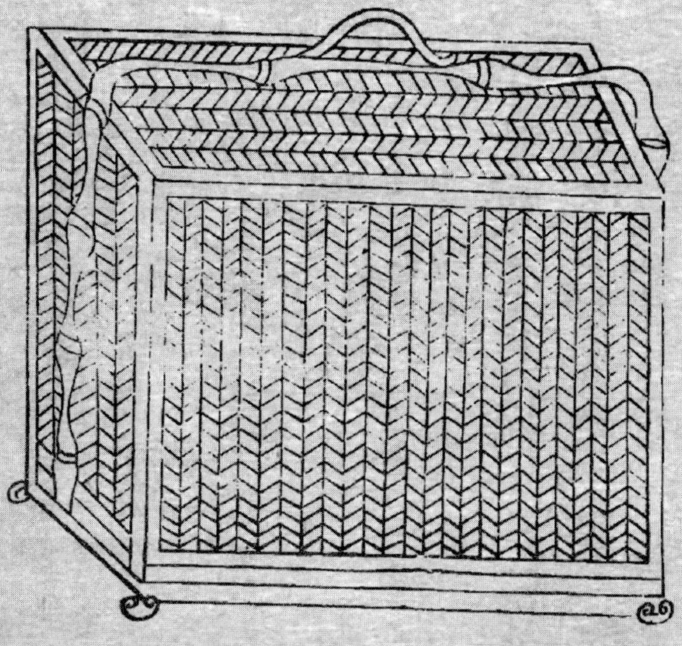

商象　古石鼎也
歸潔　竹筅帚也
分盈　杓也即茶經水則每二升計茶一兩
遞火　銅火斗也
降紅　銅火箸也
執權　準茶秤也每茶一兩計水二升
團風　湘竹扇也
漉塵　洗茶籃也
靜沸　竹架即茶經支腹也
注春　磁壺也
運鋒　劖果刀也
甘鈍　木碪墩也
啜香　建盞也
撩雲　竹茶匙也
納敬　竹茶橐也
受汚　拭抹布也

右茶具十六事收貯于器局供役苦節君者故立名管之蓋欲統歸於一以其素有貞心雅操而自能守之也

品司

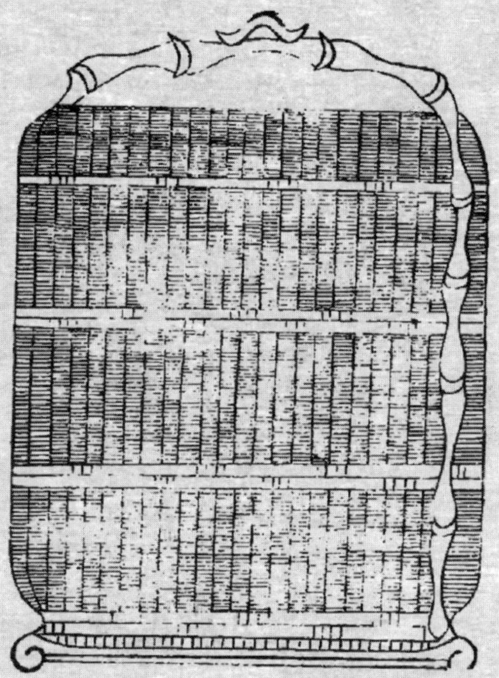

古者茶有品香而入貢者微以龍腦和膏欲助其香反失其真煮而羶鼎腥甌點襍棗橘葱薑奪其真味者尤甚今茶產於陽羨山中珍重一時煎法又得趙州之傳雖欲啜時入以筍欖瓜仁芹蒿之屬則清而且佳因命湘君設司檢束而前之所忌亂真味者不敢窺其門矣

茶譜終

茶譜外集

明　新都孫大綬編次

吳正儀

茶賦

夫其滌煩療渴唐書曰常魯使西蕃烹茶帳中謂蕃人曰滌煩療渴所謂茶也蕃人曰我此亦有命取以出指曰此壽州者此顧渚者此蘄門者換骨輕身陶弘景雜錄曰苦茶輕身換骨昔丹丘子黃山君服之茶荈之利其功若神說文曰茶苦荼也即今之茶荈則有渠江薄片茶譜曰渠江薄片一斤八十枚西山白露茶譜曰洪州西山之白露雲垂綠腳茶譜曰壽州之界橋其名甚著不若湖州之研膏紫筍烹之有綠腳垂香

浮碧乳茶譜曰婺州有舉岩茶斤半方細所出雖少味極甘芳煎如碧乳也挹此霜華茶譜曰傳巽七誨云蒲桃宛柰齊柿燕栗常陽黃梨巫山朱橘南中茶子西極石蜜寒溫既畢應下霜華之茗郄茲煩暑茶譜曰長沙之石楠採芽爲茶湘人以四月四日摘楊桐草搗其汁拌米而蒸猶糕糜之類必啜此茶乃去風也暑月飲尤好清文既傳於杜育育荈賦曰調神和內倦懈康除精思亦聞於陸羽唐陸羽著茶經三卷若夫擷此皐盧廣州記曰皐盧茗之別名葉大而澁南人以爲飲烹茲苦茶爾雅曰檟苦茶樹小似梔子早採者爲茶晩採者爲茗荈蜀人名爲苦茶桐君之錄尤重桐君錄曰巴東有眞香茗煎飲令人不眠仙人之掌難踰當陽縣有溪山仙人掌茶李白有詩豫章之嘉甘露宋錄曰豫章王子尚詣曇濟道人于八公山濟設茶茗尚味之曰此甘露也何言茶茗王肅之

貪酪奴 伽藍記曰王肅好爲彭城王勰嘗戲謂肅曰卿不重齊魯大邦而愛邾莒小國肅對曰鄉曲所美不得不好勰復謂曰卿明日顧我爲卿設邾莒之食亦有酪奴故號茗飲爲酪奴

待擔旗而採摘 茶譜曰團黃有一旗二槍之號言一葉二芽也

對鼎鑑以吹噓 左思嬌女詩曰吾家有好女皎皎常白皙小字爲紈素口齒自清歷貪走風雨中倏忽數百適心爲茶荈劇吹噓對鼎鑑

則有療彼斛瘕 續搜神記曰桓宣武有一督將因時行病後虛熱便能飲復茗必一斛二斗乃飽裁減升合便以爲大不足後有客造之更進五升乃大吐有一物出如升大有口形質縮縐狀如牛肚客乃令置之于盆中以斛二斗復茗澆之此物吸之都盡而止覺不脹又增五升便悉混然從口中涌出既吐此物病遂瘥或問之此何病答曰此病名爲斛茗瘕也

困茲水厄 世說曰晉王濛好飲茶人至輒命飲之士大夫皆患之每欲往候必云今日有水厄

擢彼陰林 見前

得

於爛石茶經曰上者生爛石中者生櫟壤下者生黄土先火而造乘雷以摘茶譜曰蜀之雅州有蒙山山有五頂頂有茶園其中頂曰上清峯昔有僧病冷且久嘗遇一老父謂曰蒙之中頂茶常以春分之先後多搆人力俟雷之發聲併手采摘三日而止若獲一兩以本處水煎服卽能袪宿疾二兩當限前無疾三兩固以換骨四兩卽爲地仙矣是僧因之中頂築室以俟及期獲一兩餘服未竟而病瘥時到城市人見容貌常若年三十餘眉髮綠色其後入青城訪道不知所終今四頂采摘不廢惟中頂草木繁密雲霧蔽虧鷙獸時出人跡稀到矣今蒙頂茶有霧鋑芽鋑芽皆云火前言造於禁火之前也

吳主之憂韋曜初沐殊恩吳主曰孫皓每宴席飲後必服茗每以七升爲限雖不悉入口竝澆灌取盡韋曜飲酒不過二升初見禮異密賜茶茗以當酒至於寵衰更見逼彊輒以爲罪

陸納之待謝安誠彰儉德晉書曰陸納爲吳興太守時謝安欲詣納

納兄子俶姪納無所備不敢請乃私爲具安既至納
所設唯茶果而已俶遂陳盛饌珍羞畢具安去納杖
俶四十云汝既不能光益叔父柰何穢吾素業
別有產於玉壘造彼金沙
茶譜
曰玉壘關外寶唐山有茶樹產於懸崖筍長三寸五
寸方有二葉兩葉湖州長興縣啄木嶺金沙泉即每
歲造茶之所湖常二郡接界于此厥土有境會亭每
茶節二牧皆至焉斯泉也處沙之中居常無水待造
茶太守具儀注拜敕祭泉頃之發源其夕清溢造供
御者畢水微減供堂者畢水已半之太守造畢即涸
矣太守或還旆稽期則示風雷
之變或見鷙獸毒蛇木魅焉
三等爲號
茶譜曰邛
州之臨邛
臨溪思安火井有早春火
前火後嫩綠等上中下茶
五出成花
茶之別者枳殼
芽枸杞芽枇杷
芽皆治風疾又有皂莢芽槐芽柳芽乃上春摘
早春
其芽和茶作之五花茶者其片作五出花也
之來賓化
茶譜曰涪州出三般茶賓化最上
製於早春其次白馬最下涪陵
橫紋之

出陽坡茶譜曰宜城縣有了山小方餅橫鋪茗牙裝面其山東爲朝日所燭號曰陽坡其茶最勝者也復聞滏湖含膏之作茶譜曰義興有滏湖之含膏龍安騎火之名茶譜曰龍安有騎火茶最上言不在火前不在火後作也柏巖兮鶴嶺茶譜曰福州柏巖極佳又洪州西山白露及鶴嶺茶尤佳鳩阬兮鳳亭鳩阬在睦州出佳茶茶經曰生鳳亭山飛雲曲水二寺青峴啄木二嶺者與壽州同嘉雀舌之纖嫩翫蟬翼之輕盈茶譜曰蜀州雀舌鳥嘴麥顆蓋取其嫩芽所造以其芽似之也又有片甲者芽葉相把如片甲也蟬翼者其葉嫩薄如蟬翼也冬芽早秀冬芽言隆冬甲折也麥顆先成見上或重西園之價江氏傳曰統遷愍懷太子洗馬上疏諫曰今西園賣醯麪茶菜藍子之屬虧敗國體或侔團月之形茶譜曰衡州之衡山封州之西鄉茶研膏爲之皆片團如月竝明

自而益思見前豈痞氣而侵精唐新語曰右補闕梅景博學有著述才性不飲茶著茶飲序曰釋滯消壅一日之利暫佳瘠氣侵精終身之累斯大獲益則功歸茶力貽患則不謂茶災豈非福近易知禍遠難見者乎

又有蜀岡牛嶺茶譜曰揚州禪智寺隋之故宮寺枕蜀岡有茶園其味甘香如蒙頂也又歙州牛撫嶺者尤好

洪雅烏程茶譜曰眉州洪雅丹稜昌合亦製餅茶法如蒙頂吳興記曰烏程縣西二十里有溫山出御荈

碧澗紀號茶譜曰有小江園明月簝碧澗簝茱萸簝之名

紫笋爲稱茶譜曰蒙頂有研膏茶作片進之亦作紫笋

陟仙厓而花墜茶譜曰彭州蒲村堋口其園有仙厓石花等號

服丹丘而翼生天台記曰丹丘出大茗服之生羽翼

至於飛自獄中廣陵耆老傳曰晉元帝時有老姥每旦擎一器茗往市鬻之市人競買自旦至暮其器不減所得錢與道旁孤貧乞人或執而繫之于獄夜擎所賣

茗器飛出嶽去煎於竹裏唐肅宗嘗賜高士張志和奴婢各一人志和配爲夫妻名之曰漁童樵青人問其故荅曰漁童使捧釣收綸蘆中鼓枻樵青使蘇蘭薪桂竹裏煎茶效在不眠博物志曰飲眞茶令人少眠睡功存悅志神農曰茶茗宜久服令人有力悅志或言詩爲報茶譜曰胡生以釘鉸爲業居近白蘋洲旁有古墳每因茶飲必奠酹之忽夢一人謂之曰吾姓柳平生甞爲詩而嗜茗感子茶茗之惠無以爲報欲教子爲詩胡生辭以不能柳强之曰但率子意言之當有致矣生後遂工詩焉時人謂之胡釘鉸詩柳當是柳惲也或以錢見遺異苑曰剡縣陳務妻少寡與二子同居好飲茶家有古塚每飲輒先祠之二子欲掘之母止之夜夢人致感云吾雖潛朽壤豈忘翳桑之報及曉于庭中獲錢十萬似久埋者惟貫新耳復云葉如梔子花若薔薇見前輕飇浮雲之美霜荷竹籜之差茶經曰茶千類萬狀畧而言之

有如胡人鞾者蹙縮然犎牛臆者廉襜然浮雲出山
者輪囷然輕飆拂水者涵澹然此茶之精腴者也有
竹籜者枝幹堅實艱於蒸搗故其形籭簁然如霜荷
者莖葉凋沮易其狀貌故其形萎萃然此皆茶之瘠老
者也自採至于封七經
目胡鞾至霜荷凡八等唯芳茗之爲用蓋飲食之所
資

煎茶賦　黃魯直

洶洶乎如澗松之發清吹皓皓乎如春空之行白雲
賓主欲眠而同味水茗相投而不渾苦口利病解膠
滌昏未嘗一日不放箸而策茗椀之勳者也余嘗爲
嗣直瀹茗因錄其滌煩破睡之功爲之甲乙建溪如

割雙井如霆日鑄如絜其餘苦則辛螫甘則底滯嘔酸寒胃令人失職亦未足與議或曰無甚高論敢問其次涪翁曰味江之羅山嚴道之蒙頂黔陽之都濡高株瀘川之納溪梅嶺夷陵之壓塼邛之火井不得已而去於三則六者亦可酌兔褐之甌瀹魚眼之鼎者也或者又曰寒中瘠氣莫甚於茶或濟之鹽句賤破家滑竅走水又况鷄蘇之與胡麻涪翁於是酌岐雷之醪醴參伊聖之湯液斮附子如博投以熬葛僊之堊去藙而用鹽去橘而用薑不奪茗味而佐以草

石之良所以固太倉而堅作疆於是有胡桃松實庵摩鴨脚勃賀蘪蕪水蘇甘菊旣加臭味亦厚賓客前四後四各用其一少則美多則惡發揮其精神又益於咀嚼蓋大匠無可棄之材太平非一士之略厥初貪味雋永速化湯餅乃至中夜不眠耿耿既作溫齊殊可屢歃如以六經濟三尺法雖有除治與人安樂賓至則煎去則就榻不遊軒后之華胥則化莊周之蝴蝶

煎茶歌

蘇子瞻

蟹眼已過魚眼生颼颼欲作松風鳴蒙茸出磨細珠
落眩轉遶甌飛雪輕銀瓶瀉湯誇第二未識古人煎
水意君不見昔時李生好客手自煎貴從活火發新
泉又不見今時潞公煎茶學西蜀定州花瓷琢紅玉
我今貧病苦渴飢分無玉盌奉蛾眉且學公家作茗
飲塼爐石銚行相隨不用撐腸拄腹文字五千卷但
願一甌常及睡足日高時

試茶歌　劉禹錫

山僧後簷茶數叢春來映竹抽新茸宛然爲客振衣

起自傍芳叢摘鷹觜斯須炒成滿室香便酌砌下金
沙水驟雨松聲入鼎來白雲滿盌花徘徊悠揚噴鼻
宿醒散清峭徹骨煩襟開陽崖陰嶺各殊氣未若竹
下莓苔地炎帝雖嘗不解煎桐君有録那知味新芽
連拳半未舒自摘至煎俄頃餘木蘭墜露香微似瑤
草臨波色不如僧言靈味宜幽寂采采翹英為嘉客
不辭緘封寄郡齋甎井銅鑪損標格何況蒙山顧渚
春白泥赤印走風塵欲知花乳清冷味須是眠雲跂
石人

茶壠　蔡君謨

造化曾無私亦有意所嘉夜雨作春力朝雲護日車
千萬碧天枝戢戢抽靈芽

採茶

春衫逐紅旗散入青林下陰崖喜先至新苗漸盈把
競携筠籠歸更帶山雲寫

造茶

糜玉寸陰間摶金新範裡規呈月正圓蟄動龍初起
出焙香花全爭誇火候是

試茶

兔毫紫甌新蟹眼清泉煮雪凍作成花雲閑未垂縷
願爾池中波去作人間雨

惠山泉　黃魯直

錫谷寒泉橢石俱并得新詩蠆尾書急呼烹鼎供茶
事澄江急雨看跳珠是功與世滌膻腴令我一空常
晏如安得左蟠箕潁尾風爐煮茗臥西湖

茶碾烹煎

風爐小鼎不須催魚眼長隨蟹眼來深注寒泉收第

亦防枵腹爆乾雷

雙茶井

人間風日不到處天上玉堂森寶書想見東坡舊居士揮毫百斛瀉明珠我家江南摘雲腴落落紛紛雪不如爲君喚起黃州夢歸載扁舟向五湖

茶譜外集終

茶譜後序

大石山人顧元慶不知何許人也久之知爲吾郡王天雨社中友王同博雅好古士也其所交盡當世賢豪非其人雖軒冕黼黻不欲掛眉睫間天雨至晚歲益厭棄市俗乃築室於陽山之陰日惟與顧岳二山人結泉石之盟顧即元慶岳名岱別號漳餘尤善繪事而書法頗出入米南宮吳之隱君子也三人者吾知其二可以卜其一矣今觀所述茶譜苟非泥淖一世者必不

能勉强措一詞吾讀其書亦可以想見其爲人
矣用置案頭以備喜賞歸安茅一相撰

茶譜後序畢

天保十五年甲辰九月補刻

京都書肆

佐々木惣四郎

辻本仁兵衛